AF611270

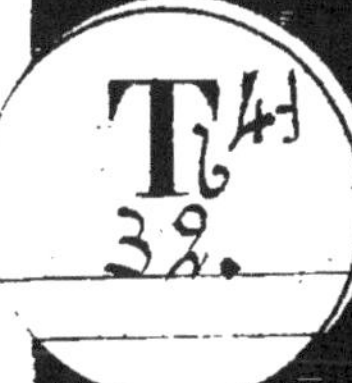

# RECHERCHES EXPÉRIMENTALES

SUR LES

# BASES DE L'EXAGÉRATION VESPÉRALE

DE LA

# TEMPÉRATURE NORMALE

PAR


Le Dr E. MAUREL

MÉDECIN PRINCIPAL DE LA MARINE

PROFESSEUR SUPPLÉANT A L'ÉCOLE DE MÉDECINE DE PLEIN EXERCICE DE TOULOUSE

CHEVALIER DE LA LÉGION D'HONNEUR

OFFICIER D'ACADÉMIE

MEMBRE CORRESPONDANT DE LA SOCIÉTÉ DE BIOLOGIE

ETC., ETC.

PARIS

OCTAVE DOIN, ÉDITEUR

8, PLACE DE L'ODÉON, 8

# RECHERCHES EXPÉRIMENTALES

SUR LES

## CAUSES DE L'EXAGÉRATION VESPÉRALE

DE LA

## TEMPÉRATURE NORMALE



**Par le Dr E. MAUREL,**

MÉDECIN PRINCIPAL DE LA MARINE

PROFESSEUR SUPPLÉANT A L'ÉCOLE DE MÉDECINE DE PLEIN EXERCICE DE TOULOUSE

CHEVALIER DE LA LÉGION D'HONNEUR

OFFICIER D'ACADÉMIE, MEMBRE CORRESPONDANT DE LA SOCIÉTÉ DE BIOLOGIE

ETC., ETC.

**PARIS**

OCTAVE DOIN, ÉDITEUR

8, PLACE DE L'ODÉON, 8

1889

# RECHERCHES EXPÉRIMENTALES

## SUR LES CAUSES DE L'EXAGÉRATION VESPÉRALE DE LA TEMPÉRATURE NORMALE

---

L'observation a démontré depuis longtemps que, tout en restant physiologique, la température de l'homme et des animaux subissait tous les soirs une augmentation de 0°5 à 1°. Or, il m'a paru intéressant de rechercher expérimentalement quelle était la véritable cause de cette exacerbation, et, dans le cas où il y en aurait plusieurs, de déterminer la part qui revient à chacune d'elles.

Déjà, je le sais, ce point de physiologie a été étudié par plusieurs expérimentateurs. Mais si tous, surtout pendant ces vingt dernières années, ont reconnu la réalité de ce phénomène, aucun, que je sache, n'a cru pouvoir en donner une explication ayant un caractère réellement scientifique.

Chossat (1), en 1831, déclare « que cette différence de la température ne se rattache ni à une variation de la température de l'air ambiant, entre le jour et la nuit, ni au refroidissement général de l'atmosphère, qui résulte du changement de saison ».

Pour Otto Funcke (2), « la température du corps

(1) Société de physique et d'histoire naturelle de Genève, 1831.
(2) Lehrbuch der physiologie, 2e édit. 1870, 5e fascicule, pages 304 et suivantes.

éprouve, sous différentes influences, des oscillations tant périodiques régulières qu'accidentelles », et il explique ces variations par des considérations générales sur la rupture de l'équilibre entre la chaleur produite et la chaleur dépensée, mais sans plus de précision.

Bœrensprung (1) ayant pris sa propre température pendant un jour, reconnaît l'influence du repas sur la température, influence déjà généralement admise, mais sans que cependant il attribue d'une manière bien précise à cette cause l'exacerbation vespérale; au contraire, cette exacerbation lui semble être indépendante du sommeil diurne ou nocturne.

William Ogle (2) a expérimenté sur un homme et une femme bien portants, et pendant trois mois. Mais ces expériences, suivies avec tant de soin, ne servent à l'auteur qu'à établir d'une manière bien précise les heures des minima et des maxima Quant à la cause de ces fluctuations, il ne la trouve ni dans la *température de l'air*, ni dans l'*alimentation*, ni dans le *travail*.

La question était donc encore, on peut le dire, complètement neuve, lorsque, pour la première fois, en 1875, je cherchai à la résoudre.

Convaincu que l'influence la plus importante était celle du repas, j'obtins d'un convalescent de dyssenterie, qui, pendant longtemps, avait été soumis au régime lacté, de bien vouloir se prêter à l'expérience; et toutes les dispositions furent prises pour que cet homme pût dormir pendant le jour et veiller pendant la nuit, en suivant le même régime.

Pendant le premier jour, rien ne fut changé dans la marche ordinaire de la température; le maximum se montra le soir. Pendant tout le second jour, la tempé-

(1) Arch. f anat. u. phys. 1851, pp. 9. 125; 1852, p. 217.
(2) William Ogle. *Des variations de la température chez l'homme sain* (Saint Georges hosp. Prep). Vol. 1, p. 221 et Schmidt's Jahrb 1868, 2e partie, p. 77.

rature resta la même ; mais le matin du troisième jour, le malade eut un léger mouvement fébrile et fut trop fatigué pour pouvoir continuer l'expérience.

Cet essai, on le voit, quoique entrepris et continué avec beaucoup de bonne volonté, avait été sans résultat marqué ; et la marche de la température n'ayant pas été renversée dès le premier jour, à un moment où les températures étaient sûrement normales, j'étais tenté de croire, comme les auteurs précédents, qu'il fallait chercher ailleurs que dans l'influence du repas la cause de l'exacerbation vespérale.

C'est dans cette situation d'esprit qu'au mois d'août 1882 je recommençai mes expériences.

Renonçant à expérimenter sur l'homme, je m'adressai aux animaux ; et, parmi eux, un de ceux qui me parut le plus propre à cette expérience fut le lapin, qui, on le sait, mange aussi bien la nuit que le jour. Je pensais pouvoir ainsi éviter ce mouvement fébrile qui était venu arrêter mon expérience sur l'homme.

Ce fut la température rectale que je choisis comme devant être la plus constante. Elle a, dans chaque expérience, été prise plusieurs fois à des profondeurs différentes, à deux profondeurs, sur quelques lapins, et sur d'autres à trois.

Pour la première observation, seule la cuvette du thermomètre était introduite; j'avais soin que son extrémité supérieure vînt affleurer le pourtour de l'anus. Dans ces conditions, l'instrument pénétrait de 25 millimètres. Pour la seconde, il pénétrait de 21 millimètres de plus, soit en tout 46 millimètres. C'était le point inférieur de la graduation (29°) qui me servait de point de repère. Quant à la troisième observation, je l'obtenais en conduisant l'instrument à 62 millimètres de profondeur; le point de repère était le 31e degré. Enfin, dans certains cas, à ces trois températures j'ai joint celle de l'aisselle. Ce sont donc quatre températures que je prenais à chaque observation.

Je pourrais donc établir deux, trois courbes et même quatre. Pour simplifier le langage, je désignerai la première sous le nom de courbe A, la seconde de courbe B, la troisième de courbe C, et la quatrième de courbe D. De plus, pour éviter des longueurs, c'est de la courbe B qu'il s'agira quand je n'en désignerai aucune d'une manière spéciale.

Mon travail repose sur cinq observations faites sur des animaux différents :

| | | | | |
|---|---|---|---|---|
| La première comprenant | | 11 | jours | d'expériences, |
| La deuxième | — | 42 | — | — |
| La troisième | — | 6 | — | — |
| La quatrième | — | 12 | — | — |
| La cinquième | — | 30 | — | — |
| Soit un total de | | 101 | jours | — |

Mais, plusieurs ayant marché simultanément, ces expériences, commencées le 4 août 1882, ont été terminées le 12 septembre suivant.

Les températures ont toujours été prises au moins deux fois par jour, mais souvent elles l'ont été trois, quatre, et même cinq fois :

| | | | |
|---|---|---|---|
| 1° de 1 heure à 3 | heures | du | matin. |
| 2° de 6 — 8 | — | du | — |
| 3° de 11 du matin à 3 | — | du | soir. |
| 4° de 6 du soir à 7 | — | du | — |
| 5° de 10 — 11 | — | du | — |

Comme je l'ai déjà dit, à chaque observation j'ai pris la température à plusieurs profondeurs.

| | | | | | | |
|---|---|---|---|---|---|---|
| La première observ. | a nécessité | 27 | observ. et | 54 | températres |
| La deuxième | — | — | 126 | — | 217 | — |
| La troisième | — | — | 17 | — | 34 | — |
| La quatrième | — | — | 27 | — | 54 | — |
| La cinquième | — | — | 71 | — | 223 | — |
| | | | 268 | — | 582 | — |

Soit un total de 268 observations comprenant 582 températures

Chaque observation a demandé environ quinze minutes. Le thermomètre n'a été enlevé que lorsque, montre en main, la colonne mercurielle ne montait plus depuis deux minutes.

Enfin, voulant apprécier en même temps que l'influence de l'alimentation celle de la lumière et des mouvements, j'ai varié mes expériences, tantôt mettant les animaux dans l'obscurité complète, tantôt les inondant de lumière; tantôt les mettant dans des caisses qui les contenaient à peine, tantôt, au contraire, leur laissant toute liberté dans un vaste appartement.

Dans toutes mes observations, et d'une manière constante, j'ai donc tenu compte de ces trois éléments : heure de l'*alimentation*, *lumière*, *mouvement*. Je vais les résumer, en faisant suivre chacune d'elles des conclusions qu'elle permettra de tirer; puis, dans un court résumé, je donnerai les conclusions générales, telles qu'elles se dégagent de leur ensemble.

## EXPÉRIENCE N° 1

*Commencée le 4 août, à 5 heures du soir, et terminée le 14, à 7 heures du matin.*

Pendant la journée du 4 et les suivantes, l'animal mange le jour et se repose pendant la nuit. Les températures du matin ont été prises avant qu'on lui donnât à manger; et, après avoir pris celles du soir, on a toujours retiré la nourriture.

Pendant toute cette partie de l'expérience, l'animal a été renfermé dans une caisse de 0m50 à 0m60 de côté.

| | | | | | |
|---|---|---|---|---|---|
| Août | 4 | soir | 5h30. ...... | | 39°4 |
| — | 5 | matin | 7 » ....... | 39» | |
| | | soir | 6 »........ | | 39°4 |
| — | 6 | matin | 7 » ....... | 38°2 | |
| | | soir | 4 30........ | | 39°2 |

| | | | | |
|---|---|---|---|---|
| Août 7 | matin | 10 »........ | 39°3 (1) | |
| | soir | 4 30........ | | 39°5 |
| — 8 | matin | 7 »........ | 38°6 | |
| | soir | 6 »........ | | 40° |
| — 9 | matin | 7 »........ | 39°7 | |

Dans la journée du 9, je donne très peu à manger à l'animal, pour le préparer au renversement de l'expérience.

Le 9, à 6 heures du soir, 39°5.

A 9 heures 45 du soir, je reprends la température. Elle est la même, 39°5. A partir de ce moment, j'éclaire l'animal et lui donne à manger copieusement. Comme précédemment, il reste dans la caisse.

| | | | | |
|---|---|---|---|---|
| Août 10 | matin | 6h »....... | 39°2 | |
| | soir | 6 »....... | | 39°4 |
| | | 9 45....... | | 38°8 (2) |
| — 11 | matin | 7 ....... | 38°7 | |
| | soir | 8 ....... | | 39° |
| — 12 | matin | 7 ....... | 39°3 | |
| | soir | 6 ....... | | 39°3 |

Les températures du soir et du matin sont égales.

| | | | | |
|---|---|---|---|---|
| Août 13 | matin | 6h 30....... | 39°6 | |
| | soir | 6 »....... | | 39° |

La température du soir est inférieure; le *maximum est renversé.*

Août 14 matin 7h »....... 39°4.

La température est supérieure à celle du soir.

L'animal meurt dans une expérience.

Ainsi, on peut voir par cette expérience que, les conditions étant celles que j'ai indiquées, pendant que l'animal mange le jour et dort la nuit, du 4 août soir jusqu'au 9 matin inclusivement, la température du soir l'a toujours emporté sur celle du matin. En totalisant les cinq observations du matin et les cinq du soir, l'on trouve comme moyenne :

(1) L'animal a déjà mangé.

(2) Cette température, 38°8, est prise avant le commencement du repas du soir.

(Matin). — 38°96 pour les premières;
(Soir). — 39°50 pour les secondes,

soit une différence de 0°54 en faveur des températures vespérales, différence qui traduit en même temps et l'influence des repas et celle de l'éclairage naturel.

Puis, du 9 au matin exclusivement commence une période de transition qui s'étend ici jusqu'au 12 au soir exclusivement.

Pendant cette période, comprenant trois observations du matin et trois du soir, l'économie, troublée dans ses habitudes, semble chercher un autre mode d'équilibre. Les températures sont irrégulières, leur moyenne est de:

Pour le matin. . 39°06
Pour le soir. . . 39°30

soit une différence de 0°24, au lieu de 0°54, comme précédemment.

Enfin, pendant les deux derniers jours de l'observation, le maximum de température s'établit franchement en faveur du matin. Nous avons, en effet, comme moyenne :

Pour le matin. . 39°50
Pour le soir. . . 39 15,

soit une différence de 0°35 en faveur de la période des repas, mais inférieure de 0°19 à ce qu'elle était (0°54), lorsque les repas avaient lieu pendant le jour.

## EXPÉRIENCE N° 1

| Conditions de l'expérience. | DATES | HEURES | COURBES A. | COURBES B. | COURBES C. | OBSERVATIONS |
|---|---|---|---|---|---|---|
| L'animal mange le jour, dort la nuit et vit dans une caisse. | 4 Août | soir 3 h. 30 | 38°2 | 39°4 | | |
| | | matin 7 h. | 37 | .9 | | |
| | 6 — | matin 7 h. | 35 6 | 38 2 | | Pluie. |
| | 7 — | matin 10 h. | 37 | 39 3 | | |
| | | soir 4 h. 30 | 37 2 | 39 5 | | Pluie. |
| | | matin 2 h. | 35 5 | 39 | | |
| | 8 — | matin 7 h. | 35 8 | 38 6 | | |
| | | soir 6 h. | 38 8 | 40 | | |
| | 9 — | matin 7 h. | 38 5 | 39 7 | | Il mange très peu dans la journée. Journée très chaude. |

*(Suite de l'expérience n° 1).*

| | | Date | | Heure | | | | Observations | |
|---|---|---|---|---|---|---|---|---|---|
| L'animal mange pendant la nuit, vit dans l'obscurité pendant le jour et reste dans la caisse. | Période de transition. | 9 Août | soir | 6 h. | | 38° | 39°5 | | |
| | | | soir | 9 h. | 05 | 37 2 | 39 5 | Observation prise avant le repas, l'animal étant éclairé. | |
| | | 10 — | matin | 2 h. | 30 | 37 5 | 39 | | |
| | | | matin | 6 h. | | 37 3 | 39 2 | | |
| | | | matin | 11 h. | 30 | 37 8 | 39 | Refroidissement marqué de l'atmosphère. | |
| | | | soir | 6 h. | | 38 2 | 39 4 | | |
| | | 11 — | soir | 9 h. | 45 | 36 5 | 38 8 | | |
| | | | matin | 7 h. | | 33 7 | 33 7 | Au commencement du repas du soir. | |
| | | 12 — | soir | 8 h. | | 37 3 | 39 | Tempér. ext. | 27°1 |
| | | | matin | 3 h. | | 37 5 | 39 | — | 25 6 |
| | | | matin | 7 h. | | 37 4 | 39 3 | — | 30 0 |
| | Le renversement de la température est complet. | | soir | 1 h. | | 37 2 | 39 | Tempér. ext. | 30°1 |
| | | 12 — | soir | 7 h. | | | | — | 29 |
| | | | soir | 10 h. | | | | — | 28 |
| | | | matin | 1 h. | | 37 5 | 39 5 | — | 27 |
| | | | matin | 6 h. | 30 | 37 9 | 39 6 | — | 26 80 |
| | | | midi | » | | | | — | 29 |
| | | 13 — | soir | 2 h. | | | | — | 30 |
| | | | soir | 4 h. | | 37 2 | 39 | — | 30 |
| | | | soir | 6 h. | | 37 | 39 | — | 28 60 |
| | | | soir | 9 h. | 15 | | | — | 26 40 |
| | | | matin | 1 h | 15 | 37 8 | 39 6 | — | 26 70 |
| | | 14 — | matin | 7 h. | | 37 4 | 38 4 | — | 27 20 |
| | | | soir | 1 h. | 40 | L'animal meurt dans une expérience sous l'influence du chloroforme. | | — | 27 20 |

CONCLUSION. — *Ainsi, en résumant cette expérience, on peut dire que par le changement de la période des repas on peut arriver à renverser le maximum des températures, mais que les écarts sont moins grands, lorsque l'animal mange la nuit que lorsqu'il mange le jour.*

*Il faut donc en conclure que l'exagération de la température vespérale tient non seulement à l'influence du repas, se traduisant ici par* 0°4 *environ, mais aussi à d'autres, et particulièrement à celle de l'éclairage qui a été ici de* 0°2 *environ.*

## EXPÉRIENCE N° 2

*Commencée le* 4 *août, à* 5 *heures du soir et terminée le* 12 *septembre, à* 7 *heures du matin.*

Cette expérience est faite sur un animal plus petit.

Elle est, comme la précédente, commencée le 4 août,

mais la température profonde n'est prise qu'à partir du 8 à deux heures du matin.

Ces températures, jusqu'au 9 au matin inclusivement, sont les suivantes :

| | | | | |
|---|---|---|---|---|
| Août 8. | matin. | 2h...... 39° | | |
| | | 7h...... 39° | | |
| | soir..................... | | 6h | 39°5 |
| — | matin. | 7h.2.... 39°3 | | |
| | soir............ ...... | | 6h | 40° |
| | | | 9h45 | 39°8 |

Pendant ces deux jours, l'animal mange le jour, reste dans une caisse et dort pendant la nuit.

En prenant les moyennes du matin et du soir, j'obtiens :

Pour le matin. . 39°15

Pour le soir. . . 39°75,

soit une différence de 0°60 en faveur du soir.

A partir de ce moment, les conditions de l'expérience changent. L'animal reste dans sa caisse, est plongé dans l'obscurité pendant le jour, mais il est éclairé et mange pendant la nuit.

| | | | | | |
|---|---|---|---|---|---|
| Août | 10 | matin 6h...... | 39°3 | | |
| | | soir...................... | | 6h | 40° |
| — | 11 | matin. 7h...... | 3.°4 | | |
| | | soir...................... | | 8h | 39°3 |
| — | 12 | matin. 7h...... | 39 6 | | |
| | | soir............ ........ | | 6h | 39°4 |

Comme pour l'animal précédent, trois jours ont été nécessaires à celui-ci pour que le renversement de la température fût bien établi. C'est là une période de transition, que nous retrouverons, du reste, dans les observations suivantes.

Les moyennes, pour ces trois jours, sont :

Pour le matin. . 39°43
Pour le soir. . . 39°57,

soit une différence de 0°14, qui reste en faveur du soir.

Mais on peut voir que, pendant que les températures du matin vont en augmentant, celles du soir, au contraire, passent de 40° à 39°4. Cette différence, du reste, va s'accentuer davantage pendant la période suivante.

| | | | | |
|---|---|---|---|---|
| Août. 13 | matin. 6h...... | 39°7 | | |
| | soir...... | | 6h | 39° |
| — 14 | matin. 7h...... | 39°8 | | |
| | soir...... | | 8h | 39° |
| — 15 | matin. 7h...... | 39°8 | | |
| | soir...... | | 8h | 39°3 |
| — 16 | matin. 7h...... | 39°9 | | |
| | soir...... | | 9h | 39°3 |
| — 17 | matin 7h...... | 39°8 | | |
| | soir...... | | 6h | 39°2 |

Les moyennes de ces cinq jours pendant lesquels, d'une manière aussi régulière que possible, la température du matin l'a emporté sur celle du soir, nous donnent les chiffres suivants :

Pour le matin. . 39°80
Pour le soir. . . 39°16,

soit une différence de 0°64 en faveur du matin, résultat qui ne diffère que de 0°4 de celui de la période précédente.

Voulant alors connaître l'influence du mouvement et de la lumière, je laisse l'animal libre et je supprime l'obscurité, tout en lui donnant la nourriture pendant la nuit. Les résultats sont les suivants :

| | | | | |
|---|---|---|---|---|
| Août. 18 | matin | 7h .... | 39°8 | |
| | soir. | 8h ........ | | 39°4 |
| — 19 | matin. | 8h .... | 39°8 | |
| | soir. | 7h ........ | | 39°2 |
| — 20 | matin. | 7h .... | 40°3 | |
| | soir. | 8h30........ | | 39°8 |

| | | | | |
|---|---|---|---|---|
| — 21 | matin. | 7$^h$30.... | 39°5 | |
| | soir. | 8$^h$30.... | ............ | 59°2 |
| — 22 | matin. | 8$^h$ .... | 39°6 | |
| | soir. | 8$^h$ | ................. | 39°2 |
| — 23 | matin | 7$^h$30.... | 39°8 | |
| | soir. | 8$^h$30. | .......... ..... | 39°3 |

Comme on le voit, pendant cette période qui dure six jours, l'influence de l'alimentation pendant la nuit ne reste pas moins manifeste. D'une manière bien nette, bien marquée, la température du matin se maintient plus élevée. Mais pendant que cette température varie peu, celle du soir augmente légèrement. C'est ce qui va ressortir des moyennes suivantes :

Pour le matin. . 39°80
Pour le soir. . . 39°35,

soit une différence de 0°45 seulement en faveur du matin, au lieu de 0°64. C'est-à-dire que l'influence du mouvement et de la lumière se traduirait par une différence de 0°19.

Il est digne de remarque, en effet, que pendant ces deux périodes de l'expérience, l'une qui s'étend du 13 au 17, et l'autre du 18 au 23, la température moyenne du matin est restée la même, 39°80. Seule, celle du soir a varié. Elle a présenté un abaissement de 0°64 pendant que l'animal était dans l'obscurité et au repos pendant le jour, et seulement un abaissement de 0°45, quand il était libre et soumis à l'influence solaire. Il me paraît donc logique de conclure que ces 0°19 dans la température du soir ont été gagnés sous l'influence de la lumière et du mouvement.

A partir du 24 au matin, je reviens aux conditions principales du début de l'expérience, c'est-à-dire que l'animal mange le jour et dort la nuit. Mais, au lieu d'être renfermé dans une caisse, il vit en liberté dans un grand appartement.

Les résultats sont les suivants :

| | | |
|---|---|---|
| Août. 24 | matin 7h30... 40° (1) | |
| | soir. 10h30................ | 40° |
| — 25 | matin 7h ... 40°2 (2) | |
| | soir. 9h30................ | 39°5 |

De même que, lorsque l'animal a passé du régime diurne au régime nocturne, nous constatons ici une phase intermédiaire, une période de transition.

Les moyennes sont :

Pour le matin. . 40°18

Pour le soir. . . 39°75

Il faut, de plus, tenir compte de l'erreur qui s'est glissée dans l'expérience, le 25 au matin.

Mais, dès le 26, l'influence du repas se fait sentir d'une manière bien évidente. Nous obtenons, en effet, dans nos diverses observations :

| | | |
|---|---|---|
| Août 26 | matin. 7h30.... 38°9 | |
| | soir. 7h45................ | 39°7 |
| — 27 | matin. 7h .... 38°8 | |
| | soir. 10h30................ | 39°6 |
| — 28 | matin. 7h .... 39°1 | |
| | soir. 6h45................ | 39°9 |

Les moyennes très significatives de ces trois jours sont les suivantes :

Pour le matin. . 38°93

Pour le soir. . . 39°73,

soit une différence de 0°80.

C'est la plus considérable que nous ayons constatée jusqu'à présent. L'analyse de ce résultat va être intéressante.

Remarquons tout d'abord que la température maxima a peu varié de ce qu'elle était précédemment; elle est de 39°73 au lieu de 39°80. Les différences réelles portent donc sur les températures minima.

(1) L'animal a mangé pendant la nuit.
(2) Par oubli, l'animal a pu manger le matin avant l'observation.

Nous avons 38°93 au lieu de 39°16
et de 39°35
soit une différence de 0°23
et de 0°42

C'est qu'en effet, dans cette période de l'expérience, pendant la nuit qui prépare la température du matin, nous n'avons ni la lumière soit naturelle, soit artificielle qui existait pendant les deux précédentes, ni le mouvement qui existait pendant l'avant-dernière période.

Or, si à la différence de 0°64 qui existait pendant que l'animal, tout en étant libre et éclairé, mangeait la nuit et jeûnait le jour, nous ajoutions le 0°19 d'augmentation que nous attribuions à l'influence du mouvement et de la lumière, dont l'animal est maintenant privé, nous arriverions à trouver une différence de 0°83, ce qui se rapproche sensiblement de notre résultat 0°80.

Conclusions. — Ainsi, de ce qui précède, il semblerait résulter :

1° *Que la température minima égale à peu près* 39° *le matin pour les trois conditions suivantes :*

1° *Jeûne de* 12 *heures ;*

2° *Absence de mouvements ;*

3° *Obscurité.*

2° *Que, le jeûne et l'absence de mouvement restant les mêmes, l'influence de la lumière se traduirait en moyenne par* 0°20 (39°15 ; 1re période) ;

3° *Qu'en donnant la lumière et le mouvement, tout en laissant l'animal à jeun, on augmente encore la température de* 0°20 *environ* (39°35 ; 3e période) ;

4° *Qu'en combinant la lumière et les digestions, on arrive à* 39°75 *au lieu de* 39°15, *soit une différence de* 0°60 *qui, diminuée de* 0°20, *influence reconnue de la lumière, laisse* 0°40 *comme influence nette de l'influence du repas*

(39°75-39°73 *lumière naturelle*, *et* 39°80 *lumière artificielle*).

*En résumé, les* 0°80 *de différence maxima entre les températures du soir et du matin peuvent se répartir ainsi :*

*Influence des repas*, 0°40 ;
*Influence des mouvements*, 0°20 ;
*Influence de l'éclairage*, 0°20.

## EXPÉRIENCE N° 2

| Conditions de l'expérience | DATES | HEURES | COURBES A | B | C | D | OBSERVATIONS |
|---|---|---|---|---|---|---|---|

*Première période* **d'observation.**

| Conditions de l'expérience | DATES | HEURES | A | B | C | D | OBSERVATIONS |
|---|---|---|---|---|---|---|---|
| (1) L'animal mange pendant le jour, dort pendant la nuit et vit dans une caisse. | 4 août | (1) soir 5 h. 30 | 38°4 | | | | Mangeant beaucoup. |
| | 5 — | matin 7 h. | 37 8 | 38°4 | | | |
| | 6 — | matin 7 h. | 37 2 | 38 2 | | | |
| | 7 — | matin 10 h. | 38 | 39 7 | | | Pluie. |
| | | soir 4 h. 30 | 38 5 | | | | |
| | 8 — | matin 2 h. | 36 5 | 39 | | | |
| | | matin 7 h | 37 | 39 | | | |
| | | soir 6 h. | 38 5 | 39 5 | | | |
| | 9 — | matin 7 h. | 37 7 | 39 3 | | | Il mange très peu dans la journée ; journee très chaude. |
| | | soir 6 h. | 38 | 39 5 | | | |

*Première période* **d'expérience.**

| Conditions de l'expérience | DATES | HEURES | A | B | C | D | OBSERVATIONS |
|---|---|---|---|---|---|---|---|
| (1) L'animal mange pendant la nuit, vit dans l'obscurité pendant le jour et reste dans la caisse. Première période de transition. | 9 Août | (1) soir 9 h. 45 | 38°2 | 39°8 | | | Observation prise avant le repas. L'animal est éclairé. |
| | 10 Août | matin 2 h. 30 | 37 5 | 39 2 | | | Refroidissement marqué de l'atmosphère. |
| | | — 6 h. | 37 | 39 3 | | | |
| | | — 7 h. | 37 | 39 5 | | | |
| | | — 11 h. 30 | 37 8 | 39 2 | | | |
| | | soir 6 h. | 38 2 | 40 | | | |
| | | soir 9 h. 45 | 37 6 | 39 8 | | | |
| | 11 — | matin 7 h. | 37 5 | 39 4 | | | Au commencement du repas du soir. |
| | | soir 8 h. | 36 7 | 39 3 | | | Tempér. ext. 27°4 |
| | 12 — | matin 3 h. | 37 8 | 39 8 | | | — 26 6 |
| | | matin 7 h. | 37 8 | 39 6 | | | — 26 4 |
| | | soir 1 h. | 37 3 | 39 | | | — 30 4 |
| | | soir 6 h. | 37 8 | 39 4 | | | — 30 4 |
| | | soir 7 h. | | | | | |
| | | soir 10 h. | | | | | |

*(Suite de l'expérience n° 2).*

(1) L'animal mange pendant la nuit, vit dans l'obscurité pendant le jour, et reste dans la caisse. Le renversement de la température est complet.

| Date | Moment | | | | | Tempér. ext. |
|---|---|---|---|---|---|---|
| 13 Août | matin 1 h. | 37°5 | 39°5 | | | Tempér. ext. 27° |
| | matin 6 h. 30 | 37 | 39 7 | | | — 26 8 |
| | midi | » | » | » | » | — 29 |
| | soir 2 h. | » | » | » | » | — 30 |
| | soir 4 h. | 37 9 | 39 | | | — 30 |
| | soir 6 h. | 37 2 | 39 | | | — 28 6 |
| | soir 9 h. 15 | » | » | » | » | — 26 4 |
| 14 — | matin 1 h. 15 | 38 | 39 8 | | | — 26 7 |
| | matin 7 h. | 38 1 | 39 8 | | | — 27 2 |
| | soir 1 h. 40 | » | » | » | » | — 29 |
| | soir 2 h. | 37 | 39 | » | » | — 29 8 |
| | soir 8 h. | 36 8 | 39 | | | — 28 9 |
| 15 — | soir 1 h. 30 | 37 4 | 39 6 | | | — 26 6 |
| | soir 7 h. | 37 4 | 39 8 | | | — 27 5 |
| | soir 6 h. | » | » | | | — 29 6 |
| | soir 8 h. | 37 | 39 3 | | | — 29 6 |
| 16 — | matin 7 h. | 37 2 | 39 9 | | | — 27 2 |
| | soir 9 h. | 36 6 | 39 3 | | | — 28 4 |
| 17 — | matin 7 h. | 37 7 | 39 8 | | | — 27 7 |
| | soir 3 h. 30 | 37 | 39 3 | | | — 30 8 |
| | soir 6 h. | 37 | 39 2 | | | |
| 18 — | matin 7 h. 30 | 37 5 | 39 8 | | | — 27 |

## *Deuxième période* d'expérience.

L'animal continue à manger la nuit, mais pendant le jour il vit à la lumière et sort de sa caisse.

L'animal continue à manger la nuit, mais pendant le jour il vit à la lumière et sort de sa caisse.

| Date | Moment | | | | | Tempér. ext. |
|---|---|---|---|---|---|---|
| 18 Août | soir 8 h. | 37° | 39°1 | | | Tempér. ext. 28° |
| 19 — | matin 8 h. | 37 2 | 39 8 | | | — 28 2 |
| | soir 2 h. 05 | 37 | 39 2 | | | — 29 5 |
| 20 — | matin 7 h. | 37 8 | 40 3 | | | — 27 4 |
| | soir 8 h. 30 | 37 2 | 39 8 | | | — 28 4 |
| 21 — | matin 7 h. 30 | 37 5 | 39 5 | | | — 27 9 |
| | soir 4 h. 30 | 37 2 | 39 3 | | | — 30 |
| | soir 8 h. 30 | 37 4 | 39 2 | | | — 28 7 |
| | soir 10 h. | 38 | 39 8 | | | — 28 4 |
| 22 — | matin 8 h. | 37 7 | 39 6 | | | |
| | soir 8 h. | 37 | 39 2 | | | |
| | soir 10. h. | 37 8 | 39 5 | | | |
| 23 — | matin 3 h. 20 | 37 7 | 40 2 | | | — 28 6 |
| | matin 7 h. 30 | 38 | 39 8 | | | |
| | soir 8 h. 30 | 37 5 | 39 3 | | | |

## *Deuxième période* d'observation.

L'animal recommence à manger le jour, à dormir la nuit et de plus il est libre.

Deuxième période de transition.

| Date | Moment | | | | | Tempér. ext. |
|---|---|---|---|---|---|---|
| 24 Août | matin 7 h. 30 | 38°5 | 40°0 | | | Tempér. ext. 28°2 |
| | soir 3 h. 20 | 38 | 39 3 | | | — 31 |
| | soir 10 h. 30 | 38 | 40 | | | — 28 8 |
| 25 — | matin 7 h. | 38 | 40 2 | | | — 28 8 |
| | soir 3 h 20 | 38 5 | 40 | | | — 30 6 |
| | soir 9 h. 30 | 38 | 39 5 | | | — 28 |
| 26 — | matin 3 h. | 37 5 | 39 | | | — 28 4 |

*(Suite de l'expérience n° 2).*

Le renversement est complet. Le maximum a lieu le soir.

| | | | | | | | |
|---|---|---|---|---|---|---|---|
| 26 Août | matin | 7 h. 30 | 36°5 | 39°9 | | Tempér. ext. | 28° |
| | matin | 9 h. 45 | 37 6 | 39 7 | | — | 29 3 |
| | soir | 3 h. 45 | 38 | 40 | | — | 29 5 |
| | soir | 3 h. 45 | 33 | 39 7 | | — | 28 8 |
| 27 — | matin | 7 h. | 36 3 | 38 8 | | — | 27 2 |
| | matin | 11 h. 25 | 37 6 | 39 8 | | — | 29 |
| | soir | 3 h. 30 | 37 4 | 39 6 | | — | 28 2 |
| | soir | 10 h. 30 | 37 | 39 6 | | | |
| 28 — | matin | 7 h. 30 | 36 6 | 39 1 | | — | 27 8 |
| | matin | 10 h. 30 | 37 2 | 39 1 | | — | 28 4 |

| | | | | | | | |
|---|---|---|---|---|---|---|---|
| 28 Août | soir | 6 h. 45 | 37 9 | 39 9 | | Tempér. ext. | 27°8 |
| 29 — | matin | 7 h. | 37 | 38 7 | | — | 27 3 |
| | soir | 3 h. 30 | 37 6 | 39 6 | | — | 30 3 |
| 30 — | matin | 7 h. | 37 8 | 39 2 | | | |
| | soir | 6 h. | 37 | 39 4 | | | |
| 31 — | soir | 7 h. | 38 5 | 40 | | | |
| | soir | 9 h. | 39 6 | 40 7 | 39°5 | — | 28 4 |
| 1 Sept. | matin | 7 h. 39 | 38 3 | 39 7 | 38 9 | — | 28 |
| | midi | | 38 9 | 40 | 39 2 | | |
| | soir | 7 h. | 39 2 | 40 | 39 6 | — | 30 8 |
| 2 — | matin | 7 h. | 38 | 30 7 | 39 3 | — | 28 |
| | soir | 6 h. 30 | 39 7 | 40 8 | 40 4 | — | 31 2 |
| 3 — | matin | 7 h. | 38 1 | 39 4 | 39 | — | 28 6 |
| | soir | 7 h. 30 | 39 7 | 40 6 | 39 9 | — | 29 1 |
| 4 — | matin | 6 h. | 39 | 40 1 | 40 | — | 27 4 |
| 5 — | soir | 7 h. | 39 | 40 5 | 40 | — | 28 6 |
| 6 — | soir | 8 h. | 38 3 | 39 6 | 39 7 | | |
| 7 — | matin | 7 h. | 37 8 | 39 5 | 39 | | |
| | soir | 7 h. | 39 8 | 40 8 | 40 7 | | |
| 8 — | matin | 7 h. | 39 6 | 40 2 | 40 1 | | |
| | soir | 8 h | 38 7 | 39 5 | 39 | | |
| 9 — | matin | 7 h. | 39 1 | 40 3 | 40 3 | | |
| | soir | 7 h. | 39 | 40 | 39 6 | | |
| 10 — | matin | 9 h. | 39 5 | 40 5 | 40 5 | | |
| | soir | 7 h. | 39 1 | 40 | 40 | | |
| 11 — | matin | 10 h. | 39 4 | 40 2 | 40 2 | | |
| 12 — | matin | 7 h. | 39 2 | 40 3 | 40 2 | | |

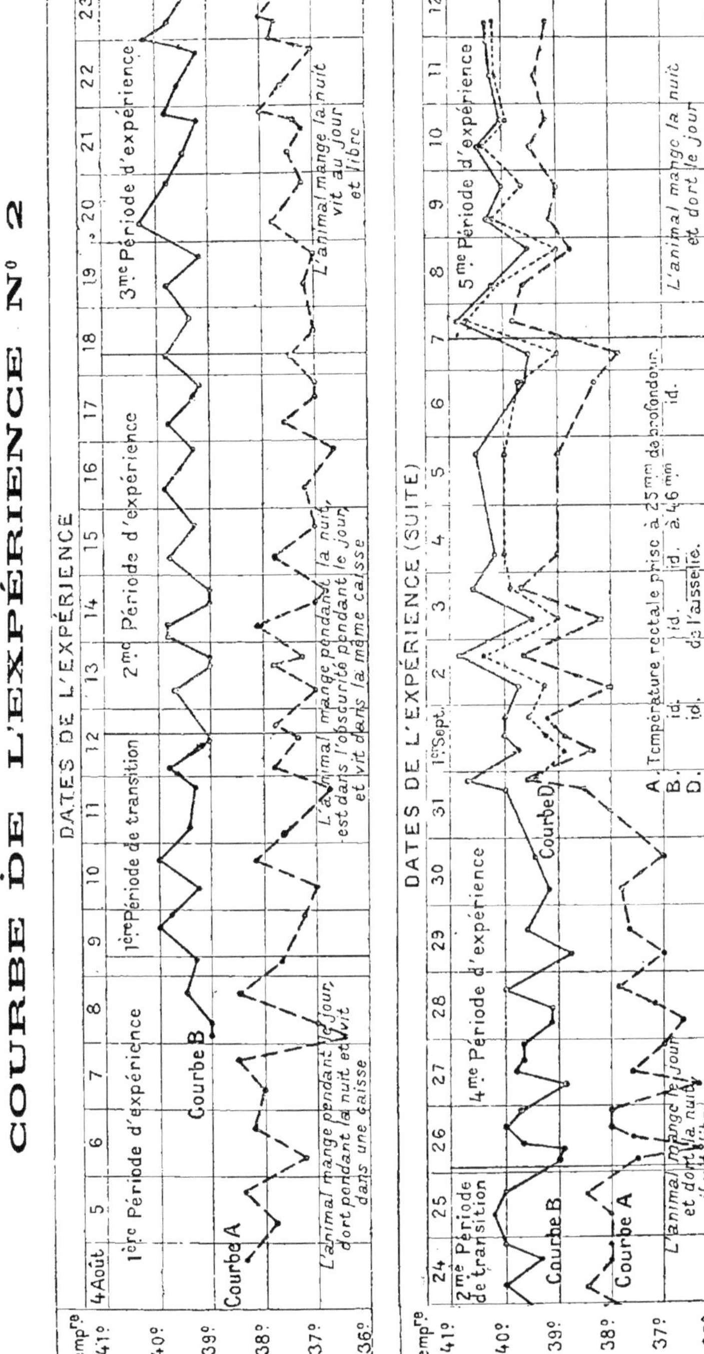

COURBE DE L'EXPÉRIENCE N° 2
DATES DE L'EXPÉRIENCE
4 Août 5 6 7 8 9 10 11 12 13 14 15 16 17 18 19 20 21 22 23
Tempre 41° 40° 39° 38° 37° 36°
1ère Période d'expérience
1ère Période de transition
2me Période d'expérience
3me Période d'expérience
Courbe B
Courbe A
L'animal mange pendant le jour, dort pendant la nuit et vit dans une caisse
L'animal mange pendant la nuit, est dans l'obscurité pendant le jour et vit dans la même caisse
L'animal mange la nuit vit au jour et libre
DATES DE L'EXPÉRIENCE (SUITE)
24 25 26 27 28 29 30 31 1er Sept. 2 3 4 5 6 7 8 9 10 11 12
2me Période de transition
4me Période d'expérience
5me Période d'expérience
Courbe B
Courbe A
Courbe D
L'animal mange le jour et dort la nuit il vit libre
A. Température rectale prise à 25mm de profondeur.
B. id. id. à 46mm id.
D. id. de l'aisselle.
L'animal mange la nuit et dort le jour

## EXPÉRIENCE N° 3

*Commencée le* 11 *août et terminée le* 15.

L'animal est immédiatement soumis au régime nocturne. Il vit dans une caisse, et, pendant le jour, il est mis dans l'obscurité.

Cette expérience, interrompue par la mort de l'animal, quoique moins concluante que les précédentes, offre cependant quelques côtés intéressants.

La température prise à 46 millimètres de profondeur par la voie rectale est, au moment de son arrivée, de :

11 août, soir, 8 heures. . . 39°5

L'animal, qui a mangé toute la journée, mange peu pendant la nuit, et la température tombe le matin à 38°3.

12 *août.* — Pendant le jour, quoique à la diète complète, la température augmente. Elle est de 39° à une heure de l'après-midi, et de 39°4 à six heures du soir.

Dans la nuit suivante, l'animal consent à manger, et nous avons, à 1 heure du matin, 39°2, et à 6 heures 30, 39°6, au lieu de 38°3, que nous avions la veille.

Le régime nocturne paraissait donc établi : l'animal présentait le matin les températures qu'à son arrivée il avait le soir.

13 *août.* — A 7 heures du matin, l'animal est mis dans l'obscurité: mais, dans la seconde partie de la journée, il sort de sa caisse; et nous trouvons, à 4 heures, 40°3, et à 6 heures, 40° 2.

Mis dans sa caisse à 6 heures, il reste sans nourriture jusqu'à 10 heures, et la température tombe à 39°2.

Depuis 10 heures du soir jusqu'au matin, je mets de la nourriture à sa disposition, et, le matin à 7 heures, je trouve 40°2.

14 *août.* — Comme la veille, l'animal est plongé dans

l'obscurité et privé de nourriture; mais, de nouveau, il s'échappe de sa caisse et mange pendant quelques heures.

A 2 heures, la température est cependant à 39°5, et à 8 heures du soir à 39°4.

En somme, malgré cette irrégularité dans l'expérience, le maximum des températures se maintient en faveur du matin.

Pendant la nuit du 14 au 15, il mange, et la température s'élève, à 1 heure, à 39°7, et à 7 heures du matin, à 39°4.

Mis dans l'obscurité pendant le jour, elle descend à 39°2, à 8 heures du soir.

16 *août*. — L'animal est tué par un autre lapin pendant la nuit.

## EXPÉRIENCE N° 3

| Conditions de l'expérience. | DATES | HEURES | COURBES A. | B. | C. | D. | OBSERVATIONS |
|---|---|---|---|---|---|---|---|
| L'animal mange la nuit, est dans l'obscurité pendant le jour et vit dans une caisse. | 11 Août | soir 8 h. | 37°7 | 39 5 | | | Tempér. ext. 27°4 |
| Période de transition. | 12 — | matin 3 h. | 37 | 39 | | | — 26 |
| | | matin 7 h. | 37 7 | 38 3 | | | — 26 9 |
| | | soir 1 h. | 37 | 39 | | | — 30 4 |
| | | soir 6 h. | 38 | 39 4 | | | — 30 |
| | 13 — | matin 1 h. | 38 | 39 4 | | | — 27 |
| | | matin 6 h. 30 | 38 | 39 6 | | | — 26 8 |
| | | soir 4 h. | 38 8 | 40 3 | | | |
| | | soir 6 h. | 38 6 | 40 2 | | | Est sorti de sa caisse et a mangé. |
| Le renversement est complet. | 13 — | soir 9 h. 15 | 36 8 | 39 2 | | | Tempér. ext. 26°4 |
| | 14 — | matin 7 h. | 38 7 | 40 2 | | | — 27 2 a peu mangé dans la nuit. |
| | | matin 11 h. 40 | | | | | Tempér. ext. 29° |
| | | soir 2 h. | 38 | 39 5 | | | — 29 8 |
| | | soir 8 h. | 37 5 | 39 4 | | | Est sorti de sa caisse et a mangé dans la journée. |
| | | soir 9 h. 30 | | | | | Tempér. ext. 29°3 |
| | 15 — | matin 1 h. 30 | 37 7 | 39 7 | | | — 27 |
| | | matin 7 h. | 38 | 39 4 | | | — 26 6 |
| | | | | | | | — 27 5 |
| | | soir 8 h. | 37 | 39 2 | | | — 29 6 |
| | 16 — | matin 7 h. | 36 2 | 39 | | | — 27 2 |

CONCLUSIONS. — *Quoique moins probante, puisque les effets du régime n'ont pu être observés pendant assez longtemps, l'indocilité de l'animal nous a fourni l'occasion de constater l'influence de l'alimentation, les températures les plus élevées ayant toujours suivi, de nuit comme de jour, la période des repas.*

## EXPÉRIENCE N° 4

L'expérience commence le 11 août, à 8 heures du soir.

L'animal est immédiatement soumis au régime nocturne. Il mange pendant la nuit, est plongé dans l'obscurité pendant le jour, et pendant tout le temps il vit dans une caisse.

Comme dans les expériences précédentes, nous observons d'abord une période de transition ; les températures, d'abord plus élevées le soir que le matin, s'équilibrent dans la journée du 12 ; et, dès le 13, nous les trouvons régulièrement renversées.

Du 13 au 17, les températures sont les suivantes :

| | | | | |
|---|---|---|---|---|
| Août. 13 | matin | 6h30 | 39°5 | |
| | soir | 6 | | 38°5 |
| — 14 | matin | 7 | 39°1 | |
| | soir | 8 | | 38°8 |
| — 15 | matin | 7 | 39°4 | |
| | soir | 8 | | 39° |
| — 16 | matin | 7 | 39°3 | |
| | soir | 9 | | 38°9 |
| — 17 | matin | 7 | 39°4 | |
| | soir | 4 | | 38°4 |

Les moyennes pour ces cinq jours ont été de :

Pour le matin. . 39°34
Pour le soir. . . 38°72

soit une différence de 0°62.

L'animal restant dans sa caisse la nuit comme l jour

et vivant dans l'obscurité pendant le jour, cette différence de 0°62 ne traduit évidemment que l'influence des repas. Comme on le voit, cette influence est un peu supérieure à ce qu'elle a été dans les expériences précédentes, où elle n'a que peu dépassé 0°40.

A partir du 18, les conditions du régime restant les mêmes, l'animal est mis en liberté, et vit éclairé pendant le jour.

L'influence de ces modifications ne tarde pas à se faire sentir. Pendant les deux jours qui suivent, les températures du soir s'élèvent, tandis que celles du matin s'abaissent. On dirait que l'influence du mouvement et de l'éclairage équilibre celle des repas. Mais bientôt l'influence des repas reprend le dessus.

Les moyennes donnent en effet :

Pour le matin. . 39°55
Pour le soir . . . 39°25

soit une différence de 0°30.

Ce résultat est intéressant à plus d'un titre. D'une part, en effet, nous voyons que, sous l'influence du mouvement, la température du matin seule augmente; nous trouvons en effet 39°55, au lieu de 39°34.

De plus, la différence entre les températures du matin et celles du soir est moindre. Elle n'est plus que de 0°30 au lieu de 0°62. C'est qu'en effet l'influence du jour, et en partie celle du mouvement, toujours plus marqué pendant le jour que pendant la nuit, ont agi en sens inverse de celle des repas.

# EXPÉRIENCE N° 4

| Conditions de l'expérience | DATES | HEURES | COURBES A. | B. | C. | D. | OBSERVATIONS | |
|---|---|---|---|---|---|---|---|---|
| L'animal mange la nuit, vit dans l'obscurité pendant le jour et reste dans une caisse. Période de transition. | 11 Août | soir 8 h. | 37,8 | 39°3 | | | Tempér. ext | 27°4 |
| | | matin 3 h. | 37 2 | 39 | | | — | 26 |
| | 12 — | matin 7 h. | 36 6 | 38 6 | | | — | 26 9 |
| | | soir 1 h. | 37 5 | 39 5 | | | — | 30 4 |
| | | soir 6 h. | 36 8 | 38 8 | | | — | 30 |
| Le renversement des températures est complet. | 13 Août | matin 1 h. | 38 | 39 3 | | | Tempér. ext. | 27 |
| | | matin 6 h. 30 | 38 | 39 5 | | | — | 26 8 |
| | | soir 4 h. | 36 5 | 38 5 | | | — | |
| | | soir 6 h. | 36 | 38 5 | | | — | |
| | | soir 9 h. 15 | 37 3 | 39 | | | — | 26 4 |
| | 14 — | matin 7 h. | 37 5 | 39 1 | | | — | 27 2 |
| | | mat. 11 h. 40 | | | | | — | 29 |
| | | soir 2 h. | 37 | 39 | | | — | 29 8 |
| | | soir 8 h. | 36 7 | 38 8 | | | — | |
| | | soir 9 h. 30 | | | | | — | 27 |
| | 15 — | matin 1 h. 30 | 37 1 | 39 4 | | | — | 26 6 |
| | | matin 7 h. | 38 | 39 4 | | | — | 27 5 |
| | | soir 8 h. | 37 | 39 | | | — | 29 6 |
| | 16 — | matin 7 h. | 37 4 | 39 3 | | | — | 27 2 |
| | | soir 9 h. | 36 7 | 38 9 | | | — | 28 4 |
| | 17 — | matin 7 h. | 37 8 | 39 4 | | | — | 27 7 |
| | | soir 4 h. | 37 | 38 4 | | | — | 28 8 |
| L'animal mange toujours la nuit, mais pendant le jour il est libre et vit à la lumière. Pér. de transition. | 18 Août | matin 8 h. | 37 | 38 9 | | | Tempér. ext. | |
| | | soir 7 h. | 37 | 39 1 | | | — | 27 |
| | 19 — | matin 8 h. | 37 2 | 39 | | | — | 28 2 |
| Les repas l'emportent. | 19 Août | soir 7 h. | 38 | 39 2 | | | Tempér. ext. | 29 5 |
| | 20 — | matin | 37 4 | 39 5 | | | (a. longt). | 27 4 |
| | | soir | 38 | 39 3 | | | — | 29 2 |
| | 21 — | matin 7 h. 30 | 37 6 | 39 6 | | | — | 27 9 |

CONCLUSIONS. — *Ainsi, quoique avec des évaluations légèrement différentes des observations précédentes, nous trouvons toujours les mêmes résultats ; c'est-à-dire que :*

1° *Trois influences contribuent au maximum de température dans la période nychthémérale, celle des repas, celle de l'éclairage, celle des mouvements ;*

2° *Que, des trois, c'est la première qui est la plus importante ;*

3° *Qu'aux deux autres revient une part à peu près égale.*

## EXPÉRIENCE N° 5

*Commencée le* 4 *août* 1882 *et terminée le* 12 *septembre* 1882.

L'animal m'est apporté le 16, et, dès le même jour, je commence le régime nocturne.

L'animal est éclairé et mange pendant la nuit, tandis que pendant le jour il jeûne et vit plongé dans l'obscurité. De plus, de nuit comme de jour, il reste dans une caisse assez étroite, et, comme il est très docile, il n'en est jamais sorti.

Trois jours lui sont nécessaires pour que le renversement des tempéi atures ait lieu. Dès le 19 matin, en effet, nous trouvons la température plus élevée le matin que le soir ; mais, comme je n'ai pris trois températures qu'à partir du 20, c'est seulement de ce jour que je ferai commencer véritablement la période d'expérience.

Celle-ci dure pendant quatre jours complets, pendant lesquels nous trouvons les températures suivantes :

| | | | | |
|---|---|---|---|---|
| Août. 20 | matin. 7h...... 39°5 | | | |
| | soir.......................... | | 8h | 39° |
| — 21 | matin. 7h30.... 39°4 | | | |
| | soir........................... | | 8h | 39° |
| — 22 | matin. 7h30.... 39°7 | | | |
| | soir........................... | | 8h | 39· |
| — 23 | matin. 7h30.... 39°5 | | | |
| | soir........................... | | 8h | 39°2 |

Les moyennes sont :

Pour le matin. . 39°52

Pour le soir. . . 39°05,

ce qui donne une différence de 0°47 se rapprochant d'une manière très sensible (0°45) des résultats obtenus dans les mêmes conditions par l'expérience numéro 2.

A partir du 24 matin, les conditions sont renversées. L'animal, tout en restant dans sa caisse, mange le jour et dort la nuit.

Deux jours seulement sont nécessaires pour que le renversement des températures soit complet.

Il est à remarquer, en effet, que la transition s'effectue d'une manière bien plus lente quand on veut porter le maximum au matin, que quand on veut le ramener au soir ; tandis, en effet, que deux jours ont toujours suffi dans le premier cas, il a toujours fallu au moins trois jours dans le second.

A partir du 26, nous trouvons les températures suivantes :

| | | | | |
|---|---|---|---|---|
| Août 26. | matin | 7h30...... | 38°8 | |
| | soir | 7 45................. | | 40° |
| — 27. | matin | 7 ...... | 38°5 | |
| | soir | 3 30................. | | 39°5 |
| — 28. | matin | 7 ...... | 38°9 | |
| | soir | 6 45................. | | 39 6 |
| — 29. | matin | 7 ...... | 38°8 | |
| | soir | 6 ................. | | 39°2 |
| — 30. | matin | 7 ...... | 38°7 | |
| | soir | 6 ................. | | 39°5 |

Les moyennes sont :

Pour le matin. . 38°74
Pour le soir. . . 39°52.

La différence est donc de 0°78, c'est-à-dire presque double de ce qu'elle était précédemment. C'est qu'en effet l'influence du jour, loin d'être diminuée de l'influence des repas, ici s'ajoute à elle. Or, cette différence étant de 0°30 environ, la moitié est de 0°15. Or, l'on doit se rappeler que c'est environ à 0°20 que les expériences précédentes nous ont permis d'évaluer cette influence.

A partir du 31, à 8 heures du soir, outre les trois températures rectales, je prends celle de l'aisselle. La comparaison de ces quatre courbes pourrait, sous beaucoup de rapports, offrir des résultats intéressants;

c'est pourquoi je les ai réunies dans un même tableau, et que, de plus, j'ai donné la totalité de ces températures à la fin de l'observation. D'autres pourront donc les utiliser, et je pense le faire moi-même plus tard. Mais, ici, je ne veux tirer de ces recherches que les conclusions ayant trait à mon sujet, et, comme précédemment, ce n'est que de la courbe B que je m'occuperai.

Du 31 août au 7 septembre inclusivement, l'animal mange le jour, dort la nuit et vit libre dans un grand appartement. Or, d'une manière constante, et quelle que soit la région dans laquelle je prenne les températures (et je rappelle que pendant cette période il y en avait quatre), la température du soir a toujours présenté le maximum. Pour la température B, les moyennes ont été :

Matin. . 39°03
Soir. . . 39°93,

soit une différence de 0°90 en faveur du soir. C'est qu'ici les trois influences, alimentation, lumière et mouvements sont réunies.

Le 7 au soir, je change les conditions de l'expérience; l'animal mange la nuit, dort le jour; mais pendant ce temps, il reste libre et à la lumière. L'influence de l'alimentation reste donc seule à agir; et, de plus, elle a contre elle les deux autres.

Cependant cette influence se fait sentir assez vite. Dès la nuit du 9 au 10, elle donne le maximum le matin. Pendant les trois jours suivants qui terminent cette longue expérience, les moyennes sont :

Matin. . 39°7
Soir. . . 39°4,

c'est-à-dire une différence de 0°30 seulement en faveur du matin. Le résultats ne sauraient mieux concorder avec ceux qui précèdent.

# EXPÉRIENCE N° 5

## *Première période* d'expérience.

| Conditions de l'expérience | DATES | HEURES | COURBES A. | B. | C. | D. | OBSERVATIONS |
|---|---|---|---|---|---|---|---|
| L'animal mange la nuit, vit à la lumière et reste dans une caisse. Période de transition. | 15 Août | matin 9 h. 30 | 38°6 | 40°2 | | | Tempér. extér. 29°1 |
| | | midi | 38 3 | 40 | | | — 29 8 |
| | | soir 6 h. | 37 7 | 39 4 | | | — 29 6 |
| | 16 — | matin 7 h. | 37 3 | 39 2 | | | — 27 2 |
| | | soir 9 h. | 37 | 39 | | | — 28 4 |
| | 17 — | matin 7 h. | 37 8 | 39 2 | | | — 27 7 |
| | | soir 3 h. 30 | 38 | 39 2 | | | — 29 8 |
| | | soir 6 h. | 37 8 | 39 2 | | | |
| | 18 — | matin 7 h. 30 | 37 | 39 | | | — 27 |
| | | soir 8 h. | 36 8 | 39 | | | — 28 |
| | 19 — | matin 8 h. | 37 | 39 4 | | | — 28 2 |
| | | soir 7 h. | 37 | 39 | | | — 29 5 |
| Le renversement est complet. | 20 — | matin 7 h. | 37°6 | 39°5 | 39°8 | | Tempér. extér. 27°4 |
| | | soir 8 h. 30 | 37 | 39 | 39 2 | | — 29 2 |
| | 21 — | matin 7 h. 30 | 37 6 | 39 4 | 39 6 | | — 27 9 |
| | | soir 4 h. 30 | 37 | 39 | 39 2 | | — 30 |
| | | soir 8 h. 30 | 37 | 39 | | | — 28 9 |
| | | soir 10 h. | 38 | 39 8 | 40 2 | | — 28 |
| | 22 — | matin 8 h. | 38 3 | 39 7 | 40 | | — 28 7 |
| | | soir 8 h. | 38 | 39 | 39 3 | | — 28 4 |
| | | soir 10 h. | 38 6 | 39 7 | 40 | | |
| | 23 — | matin 3 h. 20 | 38 | 39 5 | 40 | | |
| | | matin 7 h. | 38 3 | 39 9 | 40 1 | | — 28 6 |
| | | soir 8 h. | 38 | 39 2 | 39 3 | | |

## *Deuxième période* d'expérience.

| Conditions de l'expérience | DATES | HEURES | COURBES A. | B. | C. | D. | OBSERVATIONS |
|---|---|---|---|---|---|---|---|
| L'animal mange le jour, dort la nuit, et reste dans une caisse. Période de transition. | 24 Août | matin 7 h. 30 | 38°2 | 39°3 | 39°6 | | Tempér. extér. 28°2 |
| | | soir 3 h. 20 | 38 | 39 | 39 3 | | — 31 |
| | | soir 10 h. 30 | 38 2 | 39 6 | 40 | | — 28 8 |
| | 25 — | matin 7 h. | 38 2 | 39 4 | 39 6 | | A mangé ce matin 28 8 |
| | | soir 3 h. 20 | 38 8 | 39 8 | 40 | | — 30 6 |
| | | soir 9 h. 30 | 38 | 39 5 | 39 7 | | — 28 |
| Le renversement des températures est complet. | 26 — | matin 3 h. | 37° | 39° | 39°3 | | Tempér. extér. 28°4 |
| | | matin 7 h. 30 | 37 | 38 9 | 39 1 | | — 28 |
| | | matin 9 h. 41 | 38 1 | 39 1 | 39 3 | | — 29 3 |
| | | soir 3 h. 45 | 38 6 | 39 8 | 40 | | — 29 5 |
| | | soir 7 h. 45 | 38 | 39 8 | 40 | | — 28 8 |
| | 27 — | matin 7 h. | 37 | 38 5 | 39 | | — 27 2 |
| | | matin 11 h. 25 | 38 | 39 4 | 39 6 | | — 29 |
| | | soir 3 h. 30 | 38 | 39 5 | 39 7 | | — 29 2 |
| | | soir 10 h. 30 | 37 | 39 | 39 4 | | |
| | 28 — | matin 7 h. | 36 8 | 38 9 | 39 1 | | — 27 8 |
| | | matin 10 h. 30 | 37 4 | 39 1 | 39 3 | | — 28 4 |
| | | soir 6 h. 45 | 38 | 39 6 | 40 | | — 27 8 |
| | 29 — | matin 7 h. | 37 4 | 38 8 | 39 | | — 27 3 |
| | | soir 3 h. 30 | 38 | 39 5 | 39 8 | | — 30 3 |
| | | soir 6 h. | 38 | 39 2 | 39 6 | | |
| | 30 — | matin 7 h. | 36 8 | 38 7 | 39 | | |
| | | soir 6 h. | 38 | 39 5 | 39 8 | | |

### *Troisième période* d'expérience.

L'animal continue à manger le jour et dormir la nuit, mais il est libre, et, de plus, on prend la température de l'aisselle. Le maximum de température continue à avoir lieu le soir, et, de plus, la différence ne fait que s'accentuer.

| Date | | Heure | | | | | Tempér. extér. |
|---|---|---|---|---|---|---|---|
| 31 Août | matin | | | | | | |
| | soir | 7 h. | 38°8 | 40° | 40°2 | | — 31° |
| | soir | 9 h. 30 | 39 | 40 | 40 2 | 39°1 | — 28 4 |
| 1er septem. | matin | 7 h. 30 | 38 | 39 | 39 2 | 38 3 | — 28 |
| | soir | 3 h. 30 | 39 | 39 7 | 40 | 38 6 | — |
| | soir | 7 h. | 38 9 | 39 7 | 40 | 38 8 | — 30 8 |
| 2 — | matin | 7 h. | 38 | 39 1 | 39 3 | 38 5 | — 28 |
| | soir | 6 h. | 39 | 39 7 | 40 | 39 2 | — 31 2 |
| 3 — | matin | 7 h. | 38 | 39 | 39 4 | 38 9 | — 28 6 |
| | soir | 7 h. 30 | 38 8 | 39 7 | 40 | 38 6 | — 29 1 |
| 4 — | matin | 6 h. 30 | 37 8 | 38 8 | 39 1 | 38 6 | — 27 4 |
| | soir | | | | | | — |
| 5 — | matin | | | | | | — |
| | soir | 7 h. | 38 4 | 39 5 | 39 7 | 39 | — 28 6 |
| 6 — | matin | 7 h. | 38 | 39 | 39 2 | 39 | — |
| | soir | 8 h. | 38 6 | 39 7 | 40 2 | 39 8 | — |
| 7 — | matin | 7 h. | 38 1 | 39 3 | 39 5 | 39 | — |
| | soir | 7 h. | 40 2 | 41 | 41 1 | 40 4 | agitation |

### *Quatrième période* d'expérience.

L'animal mange la nuit et dort le jour, mais il vit libre à la lumière.

| | Date | | Heure | | | | |
|---|---|---|---|---|---|---|---|
| Période de transition | 8 septem. | matin | 7 h. | 38°3 | 39°3 | 39°7 | 39°2 |
| | | soir | 8 h. | 38 5 | 39 | 39 3 | 39 |
| | | matin | 7 h. | 38°7 | 39 3 | 39 8 | 39 5 |
| Renversement complet. | 9 — | soir | 7 h. | 38 5 | 39 3 | 39 5 | 39° |
| | 10 — | matin | 9 h. | 38 9 | 40 | 40 1 | 40 |
| | | soir | 7 h. | 38 5 | 39 4 | 39 5 | 39 4 |
| | 11 — | matin | 10 h. | 38 7 | 39 6 | 39 6 | 39 6 |
| | | soir | 8 h. | 38 5 | 39 5 | 39 8 | 39 4 |
| | 12 — | matin | 7 h. | 37 5 | 39 5 | 40 | 39 5 |

CONCLUSIONS. — *Cette longue expérience confirme donc pleinement les résultats constatés dans les autres, c'est-à-dire l'influence de trois causes qui, lorsqu'elles agissent conjointement, portent la différence nychthémérale à près de 1 degré; et qui, au contraire, lorsqu'elles sont opposées, diminuent cette différence, la prépondérance restant toujours cependant à l'alimentation.*

Telles sont les expériences que je tenais à faire connaître.

Si elles paraissent tout d'abord peu nombreuses, je prierai de remarquer que trois d'entre elles ont été continuées pendant assez longtemps pour comprendre plusieurs périodes d'expériences, que deux d'entre elles ont duré près d'un mois, et qu'enfin, pour chaque animal, la température a été prise plusieurs fois le jour et plusieurs fois la nuit, et, chaque fois, au moins à deux profondeurs différentes.

Si donc l'on tient compte de la longueur du temps qu'il faut pour prendre chaque observation, et de l'assujettissement en même temps que de la fatigue qu'imposent les observations faites la nuit, on n'hésitera pas, j'aime à le croire, à leur accorder quelque mérite.

Les observations de température, on le sait, quand les différences se chiffrent par des dixièmes, ne sont pas de celles que l'on confie à un aide. On n'est sûr d'elles que lorsqu'on les prend soi-même, et en y appliquant toute son attention. Bien souvent, il m'est arrivé de recommencer plusieurs fois avant de m'arrêter à l'une d'elles.

Comme on peut le voir par les tableaux, en effet, il existe généralement une différence de deux degrés, selon que la cuvette seule du thermomètre était introduite, ou qu'une partie de la tige l'était en même temps. Or, c'est là une cause d'erreur qui, pour être évitée, demande plus de soin qu'on ne le croirait tout d'abord.

Mais ce n'est pas seulement par la difficulté que l'on trouve à les recueillir, que ces observations me paraissent mériter l'attention ; leurs résultats ont été si constants, même dans les détails, que, telles qu'elles sont, je les considère comme suffisantes, et que je pense qu'il eût été inutile de les continuer.

Aussi, dès maintenant, je crois pouvoir poser les conclusions suivantes.

Chez les lapins :

1° *On peut à volonté déplacer le maximum de la température nychthémérale, et le faire passer du soir au matin, et réciproquement. Il suffit pour cela de modifier les conditions d'existence de l'animal ;*

2° *Ce maximum de température varie de* 0°5 *à* 0°9 ;

3° *Trois influences concourent à le produire :*

*Les repas,*

*L'éclairage,*

*Le mouvement ;*

4° *De ces trois influences, c'est celle du repas qui est la plus importante. Elle l'est à ce point que, même opposée aux deux autres, elle n'en conserve pas moins la prépondérance. Elle se traduit par une différence de* 0,3 *à* 0,5 *de degré ;*

5° *L'influence de l'éclairage est manifeste ; mais elle ne se traduit que par* 0°2 *de différence.*

*Cette influence elle-même, il faut l'avouer, est complexe. On peut se demander, en effet, si dans l'influence du jour, c'est celle de la lumière ou bien celle de la chaleur qui doit l'emporter. Les deux y concourent probablement; mais, sans que je puisse être affirmatif, je pense que c'est celle de la lumière qui l'emporte. A la Guadeloupe, en effet, les températures du jour et celles de la nuit, comme on peut le voir dans les tableaux, ne diffèrent que de quelques degrés ;*

6° *L'influence du mouvement s'est traduite également dans mes expériences par* 0°2 *environ. Mais je la crois variable; et je pense qu'à l'état de pleine liberté, elle pourrait dépasser ces faibles proportions ;*

7° *Les autres influences que l'on pourrait invoquer pour expliquer l'exagération vespérale de la température normale ne me paraissent jouer qu'un rôle tout à fait secondaire.*

Ce sont là les conclusions auxquelles conduisent ces expériences faites sur les lapins.

Ces mêmes conclusions sont-elles applicables aux autres animaux, et à l'homme en particulier? Les rapporteurs de la Commission nommée par l'Académie de médecine, à laquelle j'avais présenté ce travail, ont fait des réserves à ce sujet, et je les crois tout à fait fondées.

Quelque générale que puisse paraître une loi de physiologie, on ne saurait conclure aveuglément d'une espèce animale à une autre, surtout quand elles occupent des places si éloignées dans l'échelle zoologique.

En saine logique, les expériences faites sur les lapins ne sont applicables qu'aux lapins.

Cependant, étant donné que les grandes lois qui régissent la température normale des animaux supérieurs sont considérées comme identiques, il me semble *probable* que mes conclusions, dans ce qu'elles ont de général, puissent s'appliquer aux animaux du même ordre, et peut-être même du même embranchement.

Il se peut qu'à ces trois influences, d'autres viennent s'ajouter; il se peut que l'importance de chacune de celles que j'ai indiquées varie; il se peut que le temps nécessaire pour arriver au déplacement du maximum de température soit augmenté ou diminué; il se peut, enfin, que l'importance relative soit même modifiée à ce point que l'alimentation, par exemple, qui a l'influence la plus grande chez le lapin, se voie reléguée au second plan par d'autres conditions de l'expérience chez d'autres animaux ; mais je ne crois pas trop généraliser mes conclusions en disant que ces résultats rendent au moins *probable* que les trois influences que j'ai constatées chez les lapins se retrouveront chez les autres animaux, et que, quoique avec des valeurs variables, c'est encore surtout par elles qu'il faudra expliquer le maximum vespéral de la température normale.

Ce sont là, du reste, des expériences qu'il serait facile de répéter au moins sur d'autres animaux.

*RAPPORT sur un Mémoire de* M. Maurel, *relatif aux causes des variations nychthémérales de la température normale des êtres vivants, au nom d'une Commission composée de MM. Le Roy de Méricourt et*

Gariel, rapporteur.

M. Maurel, médecin de première classe de la marine, a soumis à votre appréciation le résultat de ses recherches sur les causes des variations nychthémérales de la température normale des êtres vivants. Je viens, au nom d'une Commission, composée de MM. Le Roy de Méricourt et Gariel, vous rendre compte des observations auxquelles ce travail a donné lieu.

Après avoir rappelé rapidement les opinions antérieures qui ont été émises sur ce sujet et avoir indiqué les résultats négatifs d'une première expérience faite sur l'homme en 1879, expérience qui dut être cessée par suite de la fatigue éprouvée par le sujet, l'auteur indique la méthode de recherches qu'il a appliquée à des lapins en août 1882, alors qu'il était en résidence à la Guadeloupe. Il décrit avec détails la manière dont il opérait, et indique les conditions mêmes de l'expérience.

L'animal en observation était soumis successivement à des conditions diverses : tantôt on le nourrissait pendant le jour et tantôt pendant la nuit; tantôt il était laissé libre dans un vaste appartement, et tantôt, au contraire, placé dans une caisse d'étroites dimensions; tantôt, enfin, il était plongé dans l'obscurité et tantôt il était soumis à l'action de la lumière naturelle ou artificielle. On conçoit aisément que, en faisant varier à volonté ces conditions, on ait pu se rendre compte de l'importance relative de chacune d'elles, que l'on supprimait ou que l'on faisait agir à volonté.

Dans chaque cas, M. Maurel prenait avec soin la température de l'animal, soit en plongeant le réservoir du thermomètre à diverses profondeurs dans le rectum, soit en le plaçant sous l'aisselle. Il va sans dire que, seules, les températures observées dans des conditions identiques sont comparables. Nous dirons, à ce sujet, que, pour le cas où la température a été observée en divers points, il y a parallélisme à peu près absolu des courbes, de telle sorte qu'il aurait suffi de faire une seule mesure dans chaque cas, mais dans des conditions identiques et bien déterminées : il ne s'agit, en effet, que de valeurs relatives et non de températures absolues.

Les conclusions que M. Maurel a déduites de ses expériences sont les suivantes :

1° En modifiant les conditions d'existence d'un lapin relatives aux repas, à l'éclairage, au mouvement, on peut à volonté déplacer le maximum de la température nychthémérale, maximum qui dépasse le minimum de 0°5 à 0°9;

2° L'influence des repas est la plus considérable elle se traduit par une différence de 0°3 à 0°05 ; celle de l'éclairage et celle des mouvements produisent chacune une différence de 0°2. Les autres influences paraissent négligeables.

Nous pensons volontiers avec M. Maurel que les trois influences qu'il a étudiées ont une action sur les variations de la température; comme lui, nous pensons que, dans les conditions où ses expériences ont été faites à la Guadeloupe, où la température varie peu du jour à la nuit, il a pu négliger l'action de la température ambiante et ne se préoccuper que de l'éclairage; comme lui encore, nous croyons que, dans des conditions de liberté complète, l'influence du mouvement aurait pu se manifester par une variation de température plus notable.

Nous acceptons donc d'une manière complète les conclusions du Mémoire de M. Maurel, mais à la condition qu'elles seront restreintes aux cas où les circonstances seront identiques à celles qu'il a réalisées. De ces expériences, par exemple, on ne peut tirer aucune conséquence certaine pour le cas où la température ambiante varierait notablement du jour à la nuit, et ce seul changement pourrait modifier complètement les résultats.

Mais surtout il nous semble utile de spécifier qu'il ne paraît pas possible d'étendre à d'autres animaux, ni à l'homme, les résultats obtenus chez le lapin.

Cet animal ne présente pas une grande fixité thermique; normalement il n'est pas régulier dans ses repas, et, de plus, il est naturellement semi-nocturne ; on sait que, à l'état de liberté, il quitte son terrier plus souvent la nuit que le jour.

Ces réserves faites, qui nous empêchent de regarder les expériences de M. Maurel comme résolvant absolument la question des causes des variations de la température, nous croyons juste de féliciter l'auteur de ses recherches, qui ont été menées avec méthode et précision, et qui ont dû exiger de lui une attention soutenue et fatigante ; il est arrivé à des résultats dont il faudra tenir compte, à l'avenir, dans toute étude d'ensemble faite sur la même question au point de vue général.

La Commission propose d'adresser des remerciements à l'auteur et de déposer son travail dans les archives de l'Académie.

Les conclusions du présent rapport, mises aux voix, sont adoptées par l'Académie.

IMPRIMERIE H. THOMAS & C.

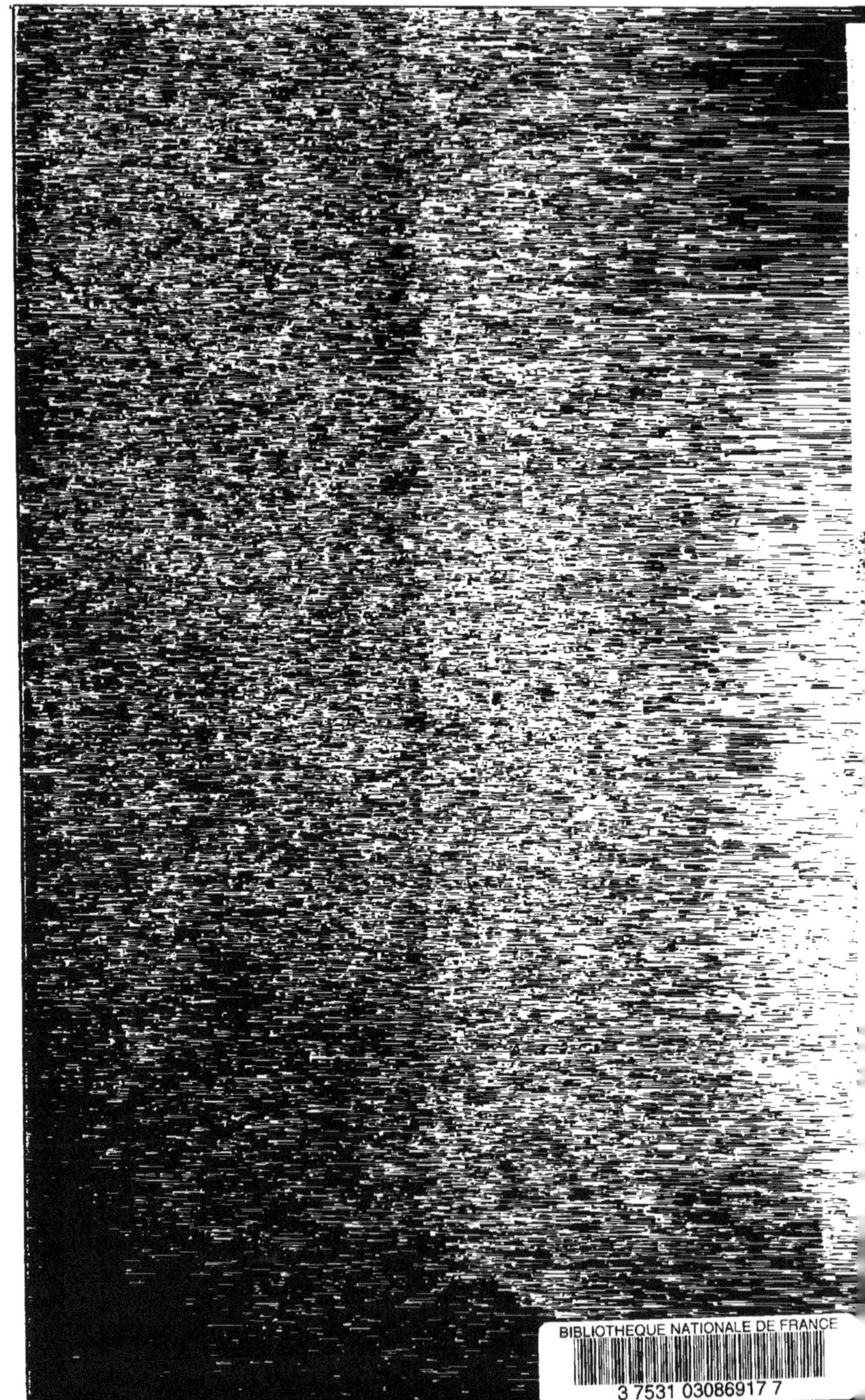

www.ingramcontent.com/pod-product-compliance
Ingram Content Group UK Ltd.
Pitfield, Milton Keynes, MK11 3LW, UK
UKHW020355250726
13967UKWH00005B/2289

9 782013 366380